角落小夥伴的 可愛料理時光

稻熊由夏、山本ちかこ、Junko ／著

繪虹

色彩繽紛的米飯

哎呀呀…?

完成了！

啊，我們在中央耶……

哎味

坐立
不安

啊！

果然，還是這裡讓人安心⋯⋯

角落小夥伴的可愛料理時光

CONTENTS

Chapter3

最喜歡的主題食譜

本書食譜的固定用法

・1小匙＝5 ml，1大匙＝15 ml。

・雞蛋均使用M尺寸。

・使用果膠狀食用色素。如果要使用粉末狀食用色素，請事先以少量的水融化調和。

・烤箱或微波爐的加熱時間會因各機種不同而有所差異。請以食譜中記載的時間為基準，再視情況自行調整。

・將食用色素混入巧克力中時，請一定要使用能夠著色的裝飾用巧克力。可在烘焙材料行或網路上買到。如果使用普通的白巧克力，會出現顏色分離狀況，請特別注意。

HAM SANDWICH PLATE

意外地簡單

Chapter1

角落小夥伴美味餐點

美味的角落小夥伴們，為餐桌帶來暖洋洋的感覺。
不僅看起來可愛，在美味方面也小有自信。
今天的餐點，要選擇哪個角落小夥伴好呢！

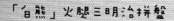
「白熊」火腿三明治拼盤

「白熊」火腿三明治拼盤

把「白熊」火腿三明治，放到超級適合早餐的大圓盤上，
再以吐司為牠製作出牆壁，就能夠安心了。

 型紙　P60

Recipe

◉ 材料（一盤份）

【白熊】
三明治用吐司……2片
火腿片……1片
奶油……少許
美乃滋……少許
海苔……少許
美乃滋（黏接用）……少許
起司片……1/2片

【火腿三明治】
三明治用吐司……2片
奶油……少許
美乃滋……少許
黃芥末醬……少許
火腿片……1片
起司片……1片

【奶油洋芋半熟蛋】
馬鈴薯（小）……1顆
Ⓐ ┌ 牛奶……1大匙
　 │ 奶油……5g
　 └ 起司粉……1小匙
鹽、胡椒……各少許
雞蛋……1顆
香芹……少許

【擺盤配菜】
青花椰、蘆筍
　（皆用鹽水燙過）……各適量
小番茄……1顆

◉ 製作方法

製作「白熊」

1. 把三明治用吐司放在紙型上，沿著線條外側切下一片。

2. 把火腿片放到1的紙型上，沿著線條外側切下一片。切下來的火腿片無法完全覆蓋住「白熊」身體部分也OK。

3. 把紙型①剪下來，覆蓋在三明治用吐司上，沿著紙型裁切。

4. 把紙型②剪下來，覆蓋在剩餘的火腿片上，沿著紙型裁切。接著剪下手部的紙型，使用剩餘的三明治用吐司裁切出手部。

5. 在1、3的單面塗上奶油和美乃滋，夾住2的火腿片（如照片**a**）。接著將4的火腿依序疊放（如照片**b**）。

6. 用海苔剪出「白熊」的眼、鼻、腳和「裏布」的眼、口。使用剩餘的火腿片製作「白熊」的耳朵內部，再用美乃滋貼到5的成品上。最後用起司片製作出「裏布」的樣子，一起貼上。

製作火腿三明治

7. 在三明治用吐司的其中一面塗上奶油、美乃滋和黃芥末醬。

8. 把火腿片和起司片夾到7的吐司中間，對半切開。

製作奶油洋芋半熟蛋

9. 馬鈴薯去皮後切成4等分，放入水中煮到變軟，並搗成泥。

10. 把Ⓐ材料放進鍋中，開中火，加入9的材料後混合均勻。攪拌至呈光滑狀後，以鹽和胡椒調味。

11. 將10的材料放入耐熱杯中，裝至半滿，再打入雞蛋，蓋上鋁箔紙。

12. 把鍋中裝水至耐熱杯的一半高度，放入11的杯子後開中火加熱。等到水沸騰後轉為小火，蓋上鍋蓋，繼續蒸12分鐘。蒸好後灑上切碎的香芹就完成了。

a

把一片吐司和火腿片沿著線條外側裁切，另一片吐司則切成「白熊」的身體形狀。

b

將剩餘的火腿片剪裁成「裏布」的形狀，鋪到三明治上。

STUFFED CABBAGE

「企鵝？」的高麗菜捲

在高麗菜捲上貼上臉和肚子，就變成「企鵝？」了。
彷彿在美味的湯汁中悠然游動。

Recipe

● 材料（3皿分）

【高麗菜捲】（以方便製作的份量為準）
高麗菜葉……3片
豬絞肉……100g
洋蔥……1/4顆
Ⓐ
　鹽、胡椒……各少許
　肉豆蔻……少許
　麵包粉……1大匙
　蛋液……2大匙
去皮小熱狗……2～3條
Ⓑ
　水……300ml
　顆粒狀高湯粉……2小匙
　月桂葉……1片
　豌豆仁……1大匙

【企鵝？】
起司片……少許
起司片（巧達起司）……少許
海苔……少許
美乃滋……少許

● 製作方法

製作高麗菜捲

1. 將高麗菜葉放入熱水中快速涮過，等到稍微退熱後切去粗梗心。

2. 把豬絞肉和切成碎丁的洋蔥放進攪拌碗裡，加入Ⓐ材料後用力攪拌至出現黏性。

3. 將2的材料分為3等份，每份都用1的高麗菜葉包起來，整理成橢圓形。

4. 將去皮小熱狗切成1cm厚度，並在其中一邊的切面上雕出放射狀的圖樣。

5. 將3放入鍋中，並加入4和Ⓑ材料，蓋上鍋內蓋後以中火煮20分鐘。

製作「企鵝？」

6. 把5的高麗菜捲放一個到盤子裡，以牙籤切取起司片做出肚子，貼上去。

7. 用起司片（巧達起司）做出喙部和腳，貼在6上面。以海苔剪出眼、喙部中間的線條和手，貼上。眼和手使用美乃滋黏貼。

8. 倒入5的湯汁，以豌豆仁和去皮小熱狗裝飾。

COLORFUL RICE BALL

角落小夥伴飯糰

將白飯染上溫柔的角落小夥伴顏色，捏成圓滾滾的樣子……
把牠們裝進馬克杯裡，頓時感到一陣安心。

Recipe

【白熊】

● **材料**（1顆份）

白飯……100g
鹽……少許
喜歡的佐料……適量
海苔……少許
火腿片……少許
美乃滋……少許

● **製作方法**

1. 將鹽混入白飯中，以小湯匙挖出一匙份量。平分成兩等份後各自以保鮮膜包起來，捏出耳朵的形狀。
2. 將1剩下的白飯撒上喜歡的佐料，包上保鮮膜後揉成圓形。黏上1的耳朵，接著包上保鮮膜把耳朵捏牢固。
3. 以海苔剪出眼、鼻、手，再以火腿片製作出耳朵內部，貼到2上。耳朵內部以美乃滋貼上。

【貓】

● **材料**（1顆份）

白飯……100g
芝麻粉……1小匙
鹽……少許
起司片……少許
海苔……少許
中濃醬……少許

● **製作方法**

1. 將鹽混入白飯中，以小湯匙挖出一匙份量。平分成兩等份後各自以保鮮膜包起來，捏出耳朵的形狀。
2. 將剩下的白飯包進保鮮膜裡，捏成圓形。貼上1的耳朵後，包進保鮮膜裡捏牢固。
3. 以起司片做出嘴巴圈，再以海苔做出眼、鼻、鬍鬚、手，貼到2上。
4. 在3的左邊耳朵塗上中濃醬。

【企鵝？】

● **材料**（1顆份）

白飯……100g
毛豆（冷凍）……10粒
鹽……少許
起司片（巧達起司）
　　……少許
海苔……少許

● **製作方法**

1. 毛豆解凍，剝去外皮後放進搗泥缽中磨成泥。
2. 將1和鹽加入白飯裡混合均勻，包上保鮮膜捏成圓形。
3. 以起司片（巧達起司）製作出喙部，用海苔做出眼、喙部中間線條、手，貼到2上。

【炸豬排】

● **材料**（1顆份）

白飯……100g
沾麵醬……1小匙
火腿片……少許
義大利麵條……少許
海苔……少許

● **製作方法**

1. 白飯與沾麵醬混合，以保鮮膜包起來捏成圓形。
2. 用火腿片製作出鼻肉，使用義大利麵條固定在1上。用海苔剪出眼、手，貼上去。

原形重現「炸豬排」

一口大小的炸豬排直接以原形變身為「炸豬排」。
頭上頂著的黃芥末醬,是有點時髦的特色。

Recipe

● 材料（一盤份）

【炸豬排】
豬里肌肉……100g
鹽、胡椒……各少許
低筋麵粉……少許
蛋液……少許
麵包粉……少許
油炸用油……適量

火腿片……少許
海苔……少許
美乃滋……少許
黃芥末醬……少許

【擺盤配菜】
喜歡的沙拉……適量
高麗菜（切成絲）……適量
小番茄……2顆
綠色生菜……1～2片
香芹……1朵

● 製作方法

1. 豬里肌肉切成三等份厚,去筋,整理成「炸豬排」的形狀。以鹽、胡椒醃製調味。

2. 將1的里肌肉依序沾上低筋麵粉、蛋液、麵包粉做成麵衣。將油炸用油加熱至中溫後,放入炸至外表呈黃褐色為止。

3. 以火腿片製作出鼻肉,海苔剪出眼、手、腳,再以美乃滋貼到2的其中一塊豬排上。

4. 將做為擺盤配菜的蔬菜、沙拉放到盤子裡,再放入2和3的「炸豬排」,最後在頭上擠一小撮黃芥末醬。

PORK CUTLET

PICKLED

CUCUMBER

喀沙…

「企鵝？」的冷盤小黃瓜

來做做看「企鵝？」最愛的小黃瓜料理吧。
和冷盤小黃瓜一起擺放在盤子上，看起來就好開心。

Recipe

◉ **材料**（一盤份）

【冷盤小黃瓜】
小黃瓜……1＋1/2條
紅蘿蔔……少許
Ⓐ ┌ 水……100ml
  │ 鹽……小匙
  └ 昆布……3x3cm

【企鵝？】
魚板……少許
義大利麵條……少許
煎蛋皮（作法請參考P45）……少許
海苔……少許
美乃滋……少許

◉ **事前準備**
· 準備好冰棒棍或竹籤。

◉ **製作方法**

1. 將1/2條小黃瓜的一端切下2cm
   長度。剩下的小黃瓜切成5cm
   長度4段。紅蘿蔔切出2mm厚度
   的薄片3片，壓成花朵形狀。

2. 將Ⓐ材料放入密封袋裡混合均
   勻後，放入1材料醃漬一晚。

3. 將2cm的小黃瓜段去皮，再以
   刀子削出「企鵝？」的形狀。

4. 魚板切出薄片後，製作成肚

子，以義大利麵條固定在3上
面。以煎蛋皮做出喙部和腳，
以海苔剪出眼、喙部的中間線
條、手，使用美乃滋黏貼上
去。

5. 將剩下的小黃瓜段插上冰棒棍
   或竹籤，放進盤子裡。再放入4
   的「企鵝？」，擺上2的紅蘿蔔
   裝飾就完成了。

EBI-MUSUBI
LUNCH BOX

「炸蝦尾組合」與「炸豬排」便當

以「炸蝦尾」為主角的飯糰便當。
其實「炸豬排」是可樂餅唷。

炸蝦尾
組合…

Recipe

◉ 材料（一餐份）

【炸蝦尾・飯糰】

蝦子（中）……2尾

Ⓐ ┌ 低筋麵粉……1大匙
  │ 水……1大匙再稍微多一點
  └ 鹽……少許

油炸用油……適量

白飯……120g
沾麵醬……1小匙再稍微少一點
鹽……少許
海苔……2.5×5cm再加少許
紅蘿蔔……少許
義大利麵條……少許

【炸豬排】

馬鈴薯（中）……1顆（約100g）
豬絞肉……30g
洋蔥……1/8顆
鹽、胡椒……各少許
美乃滋……1小匙
低筋麵粉、蛋液、麵包粉……各少許
沙拉油……少許
油炸用油……適量

火腿片……少許
義大利麵條……少許
海苔……少許
美乃滋……少許

【擺盤配菜】

煎蛋皮（作法請參考P45）……2塊
燙波菜……適量
青花椰（鹽水燙過）……1朵
小番茄……1顆
綠色生菜……少許
小黃瓜（切成薄片）……少許
高麗菜（切成絲）……少許

◉ 製作方法

製作「炸蝦尾」、「飯糰」

1. 蝦子洗淨後剝殼、切去尾巴並去除沙腸。抹上少許低筋麵粉（不在材料表上）。

2. 將Ⓐ材料混合製作出麵衣，裹在1的蝦子上。

3. 將油炸用油加熱至中溫，把2放入油鍋中炸約1分鐘。離鍋濾油，淋上少許醬油（不在材料表上）。

4. 取一半白飯混入沾麵醬。放入3的一條蝦子後，以保鮮膜包裹，捏成橢圓形。

5. 剩下的白飯混入鹽巴。再取3的一條蝦子包入飯中，以保鮮膜包起來，捏成三角形。最後包上2.5×5cm的海苔片。

製作「炸豬排」

6. 馬鈴薯去皮切成4等份，滾水煮到變軟。將水徹底瀝乾後，趁熱用叉子搗碎。

7. 沙拉油倒進平底鍋中加熱，加入豬絞肉和切成碎丁的洋蔥炒熟。加入鹽、胡椒調味。

8. 將7和美乃滋加入6中混合均勻。以保鮮膜包起來，捏成「炸豬排」的形狀。

9. 將8依序裹上低筋麵粉、蛋液、麵包粉做成麵衣。油炸用油加熱至中溫，放入後炸到表面呈黃褐色即可。

裝盤

10. 把綠色生菜鋪在便當盒底部，放入4和5的材料（如照片a）。以剩下的海苔製作出眼、嘴、手、腳，貼上。紅蘿蔔燙熟後製作出尾巴，以義大利麵條固定在「炸蝦尾」上（如照片b）。

11. 在另一個便當盒裡放入擺盤配菜，再擺上9的「炸豬排」。以火腿片製作出鼻肉，使用義大利麵條固定。再用海苔剪出眼、手、腳，以美乃滋貼上。

a

飯糰完成後，在貼上臉部零件之前就先放進便當盒裡。

b

貼上臉和手腳零件後，再插上「炸蝦尾」的尾巴。

「貓」口袋三明治

型紙 P60

使用起司片和火腿片做成的「貓」。
貓獨自在外感覺很不安，
所以就把牠放進口袋三明治的「貓罐頭」裡吧。

Recipe

● 材料（一盤份）

【貓】
起司片……1片
火腿片……1片
海苔……少許
去皮小熱狗……少許
起司片（巧達起司）……1/4片

【雜草】
小黃瓜……2.5cm
海苔、美乃滋……各少許

【口袋三明治】
吐司（一袋4片的厚片吐司）……1/2片
美乃滋……1小匙
黃芥末醬……少許
綠色生菜……適量
煙燻鮭魚……2片
小黃瓜……少許

起司片（巧達起司）……少許
義大利麵條……少許
中濃醬……少許

【擺盤配菜】
貝比生菜……適量
小番茄……1顆

● 事前準備

· 去皮小熱狗放入熱水中煮1分鐘。
· 義大利麵條放入少許沙拉油中
　（不在材料表上）炸過。

● 製作方法

製作「貓」

1. 把起司片放到紙型上，使用牙籤切下形狀。疊上火腿片，把多出來的部分也切掉（如照片a）。

2. 以剩下的起司片製作出嘴巴圈，再用海苔做出眼、鼻、鬍鬚，貼到1上。

3. 從燙好的去皮小熱狗表面切下薄片，製作出耳朵和身體上的花紋（較小的那塊）。貼到2上。

4. 用起司片（巧達起司）製作出身體上的花紋（較大的那塊）。貼到3上。

製作「雜草」

5. 在小黃瓜的切面上切出1cm深的刻痕，再從側面加一刀切下一塊（如照片b）。剩下的部分切成尖刺的稜角形狀。以海苔製作出眼、嘴，使用美乃滋貼上。

製作口袋三明治

6. 從吐司的切面切開一個開口，在裡面塗上美乃滋和黃芥末醬。把綠色生菜、煙燻鮭魚、斜切成薄片的小黃瓜放入切口中，再插入「貓」。

7. 起司片（巧達起司）切出貓的形狀，以炸過的義大利麵條固定在6上。

8. 用筷子尖端沾取中濃醬，在7的土司上畫出貓腳印（如照片c）。把5「雜草」和貝比生菜一起放到盤子上擺盤，再放上小番茄裝飾。

a

b

c

SALMON
POCKET
SANDWICH

AVOCADO
SALAD PLATE

「企鵝？」沙拉拼盤

無論是形狀或顏色，酪梨都是百分之百的「企鵝？」！
直接使用的話顏色會變黑，所以一定要塗上檸檬汁，牠會很開心的……。

Recipe

◉ **材料**（一盤份）

【企鵝？】
酪梨……1/2顆
奶油起司……20g
Ⓐ 美乃滋……1/2小匙
　芥末……少許
鹽……少許

檸檬汁……適量
煎蛋皮（作法請參考P45）……少許
海苔……少許
美乃滋……少許

【酪梨沙拉】
酪梨……1/2顆
鮭魚或鮪魚生魚片……50g
小黃瓜……1/3條

【沙拉醬】
橄欖油……2大匙
醋……1大匙
檸檬汁……2小匙
蜂蜜……1＋1/2小匙
鹽……1/3小匙
胡椒……少許

【擺盤配菜】
醃黃瓜……2條

◉ **事前準備**

· 奶油起司放置室溫下使之變
　軟。

◉ **製作方法**

製作「企鵝？」

1. 將Ⓐ材料加入奶油起司裡，混合均勻後以鹽調味。

2. 酪梨切成一半，取出種子，削去外皮。在其中一半裡填入1的材料後，用刷子沾檸檬汁塗在表面，放到盤子上。

3. 在2的半顆酪梨上用刀子切出刀口（如照片**a**）。用煎蛋皮做出腳，以鑷子夾著插入切口（如照片**b**）。

4. 用剩下的煎蛋皮做出喙部，再以海苔剪出眼、喙部的線條、手，使用美乃滋貼到3上面。

製作酪梨沙拉

5. 將鮭魚或鮪魚生魚片、以及小黃瓜切成1cm的四方小丁。再把2剩下的另一半酪梨也切成1cm的小丁，淋上少量檸檬汁（不在材料表上），與生魚片、小黃瓜拌在一起。

裝盤

6. 將5的酪梨沙拉裝進4的盤子裡。

7. 將沙拉醬的材料全部混合後，也放進6的盤子中。以醃黃瓜擺飾就完成了。

在酪梨梗的部位，用刀子輕輕切出一個切口。

為遮蓋住梗蒂的痕跡，在切口插入煎蛋皮做的腳。

Chapter2
角落小夥伴美味甜點

角落小夥伴們，與大家最愛的小點心的混搭。
製作出這些點心，自己家裡就會化身成角落小夥伴咖啡廳。
包上漂亮的包裝，也非常適合拿來送禮唷。

「企鵝？」造型☆蛋糕捲

「白熊」造型☆蛋糕捲

"PENGUIN?" & "SHIROKUMA"
DECO★ROLL CAKE

型紙 P61

「企鵝？」造型☆蛋糕捲

在斑紋蛋糕捲上面，放上一隻奶油起司做成的「企鵝？」。
為了做出「企鵝？」的顏色，請仔細調整食用色素的用量。

Recipe

● 材料（5個分）

【蛋糕捲的海綿蛋糕體】
（25x25cm 烤盤一份）
雞蛋……4顆
*將蛋白分為1顆份與3顆份。
*蛋黃只需要使用3顆份量。
砂糖……65g
水……60ml
沙拉油……40ml
香草油……少許
低筋麵粉（整體用）……80g
低筋麵粉
　　（外表修飾用）……2小匙
玉米澱粉……1小匙
食用色素（藍色）……少許

【糖漿】
細白砂糖……10g
熱水……20ml
白櫻桃酒……1/2大匙

【內餡】
鮮奶油……150ml
砂糖……14g

【企鵝？】
奶油起司……200g
無鹽奶油……40g
糖粉……60g
食用色素（綠色）……少許
巧克力筆
　　（黃色、褐色）……各1枝

● 事前準備

· 複印2張紙型，並排鋪放在烤盤裡。在紙型上面鋪上烘焙紙，四角向上折立起來。
· 用廚房紙巾沾取沙拉油（不在材料表上），薄薄塗在烤盤裡的烘焙紙上。

● 製作方法

烤製花紋

1. 製作蛋糕捲花樣。將3顆蛋黃與一半份量的砂糖放入攪拌碗裡，再加入一半份量的沙拉油，使用手提式電動攪拌器拌打至材料轉白色為止。接著依序加入水、剩下的沙拉油、香草油。混合均勻後再過篩加入低筋麵粉（整體用），然後繼續徹底攪拌均勻。

2. 從1裡用小匙取出4匙份，加入2小匙低筋麵粉與食用色素，混合均勻。

3. 攪拌碗中放入1顆份的蛋白，徹底打發至拉起會出現小角的硬度為止。最後再加入玉米澱粉，接著打發。

4. 將3材料的一半份量加入2裡，攪拌均勻。

5. 將4倒進烘焙紙做的甜筒卷裡，在鋪有紙型與烘焙紙的烤盤裡描出紙型花樣，放入170°C烤箱中烤1分鐘。

烤製整個蛋糕體

6. 製作整個蛋糕捲。將3顆份的蛋白打發至七分後，加入3剩下的蛋白霜，繼續接著打發。依序加入剩下的砂糖、剩下的玉米澱粉，每次加入都要攪拌均勻，打發至可以拉起尖角的硬度。

7. 將6的材料分三次，使用橡皮刮刀邊混合邊加入1的材料中，製作出滑順柔軟的麵糊。

8. 將7的材料全部倒到5的花樣上。將表面推平，分2～3次輕輕倒入烤盤中，接著輕敲烤盤底部去除氣泡。

9. 放入170°C的烤箱中烤14分鐘。

· 用烘焙紙折成錐狀（做法參考P63）。
· 烤箱預熱至170°C。
· 巧克力筆放入熱水中使之軟化。
· 奶油起司和奶油放置室溫使之軟化。

塗上奶油後捲起來

10. 蛋糕體烤好後，在上面鋪上一張新的烘焙紙，翻轉烤盤倒出蛋糕體。取出後立刻撕掉黏在花樣那一面上的烘焙紙，接著輕輕蓋回去，等待冷卻。

11. 以材料表中的熱水融化糖漿用的細白砂糖，等到冷卻後加入白櫻桃酒。

12. 鮮奶油倒入攪拌碗裡，加入砂糖，攪拌碗底部浸泡在冰水中一邊攪拌至變硬。

13. 待10的材料大略散熱後，墊著烘焙紙再次翻轉，使蛋糕體的花樣朝下。在最靠近自己的一端與最遠的另一端各斜切一刀。

14. 在蛋糕體表面，每間隔2cm左右切開淺淺的刀口。使用刷子沾取11的糖漿塗滿蛋糕體表面。

15. 塗上12的打發鮮奶油，將蛋糕體捲起來。放進冰箱冷藏1小時以上，接著切成4cm寬度。

製作「企鵝？」

16. 在烘焙紙上，依序用【黃色】巧克力筆畫出喙部，用【褐色】畫出眼、喙部的線條。放入冰箱中冷卻凝固。

17. 奶油起司放進攪拌碗裡，用攪拌器拌打至呈現柔順狀態，接著依序加入融化的奶油、糖粉，每次加入同時混合均勻。

18. 將食用色素加入17的材料中，徹底混勻。

19. 材料放入裝有圓形擠花嘴的擠花袋中，擠出一團在15的切面上，製作出「企鵝？」的臉。接著貼上16的眼和喙部就完成了。

型紙 P61

「白熊」造型☆蛋糕捲

怕冷的「白熊」，牠的最佳夥伴就是「裏布」。
包裹在粉紅色底帶有點點花紋的造型☆蛋糕捲裡，
相當開心的樣子。

Recipe

● 材料（5個分）

【蛋糕捲的海綿蛋糕體】
（25×25cm 烤盤一份）

雞蛋……5顆
*將蛋白分為1顆份與4顆份。
*蛋黃只需要使用1顆份量。
砂糖……65g
水……30ml
牛奶……30ml
沙拉油……45ml
香草油……少許
低筋麵粉（整體用）……80g
低筋麵粉（外表修飾用）……1小匙
玉米澱粉……1小匙
食用色素（紅色）……少許

【糖漿】
細白砂糖……10g
熱水……20ml
白櫻桃酒……1/2大匙

【內餡】
鮮奶油……150ml
砂糖……14g

【白熊】
奶油起司……200g
無鹽奶油……40g
糖粉……60g
巧克力筆
（白色、褐色、粉紅色）……各1枝

● 事前準備

· 複印2張紙型，並排鋪放在烤盤裡。在紙型上面鋪上烘焙紙，四角向上折立起來。
· 用廚房紙巾沾取沙拉油（不在材料表上），薄薄塗在烤盤裡的烘焙紙上。

● 製作方法

烤製花紋

1. 製作蛋糕捲花樣。將1顆蛋黃與一半份量的砂糖放入攪拌碗裡，再加入一半份量的沙拉油，使用手提式電動攪拌器拌打至材料轉白色為止。接著依序加入水、牛奶、剩下的沙拉油、香草油。混合均勻後再過篩加入低筋麵粉（整體用），然後繼續徹底攪拌均勻。

2. 從1裡用小匙取出2匙份，加入1小匙低筋麵粉混合均勻。

3. 攪拌碗中放入1顆份的蛋白，徹底打發至拉起會出現小角的硬度為止。最後再加入玉米澱粉，接著打發。

4. 將3材料的1/4加入2裡，攪拌均勻。

5. 將4倒進錐狀烘焙紙裡，在鋪有紙型與烘焙紙的烤盤裡描出點點花樣，放入170℃烤箱中烤1分鐘。

烤製整個蛋糕體

6. 製作整個蛋糕捲。將食用色素一點一點加入1剩下的材料中，徹底混合均勻。

7. 將4顆份的蛋白打發至七分後，加入3剩下的蛋白霜，繼續接著打發。依序加入剩下的砂糖、剩下的玉米澱粉，打發至可以拉起尖角的硬度。

8. 將7的材料分三次，加入6中，使用橡皮刮刀邊混合邊加入，製作出滑順柔軟的麵糊。

9. 將8的麵糊全部倒入5的花樣上。將表面推平，分2～3次輕輕倒入烤盤中，接著輕敲烤盤底部去除氣泡。

10. 放入170℃的烤箱中烤14分鐘。

塗上奶油後捲起來

11. 依照左頁10～15步驟，塗上糖漿和打發鮮奶油，將蛋糕捲捲起來。放入冰箱冷藏1個小時以上，取出後切成4cm寬度。

製作「白熊」

12. 在烘焙紙上，依序用【白色】巧克力筆畫出耳朵，用【褐色】畫出眼、鼻，用【粉紅色】畫出耳朵內部。放入冰箱中冷卻凝固。

13. 奶油起司放進攪拌碗裡，用攪拌器拌打至呈現柔順狀態，接著依序加入融化的奶油、糖粉，每次加入同時混合均勻。

14. 材料放入裝有圓形擠花嘴的擠花袋中，擠出一團在11的切面上，製作出「白熊」的臉。接著貼上12的耳、眼、鼻就完成了。

STEAMED CAKE with CHOCOLATE

「貓」蒸蛋糕

將部份麵糊染上顏色，讓蒸蛋糕出現繪圖色彩。
將頭埋在器皿裡的「貓」就完成了！

使用的上色麵糊

麵糊（褐色）	基本麵糊 1/2小匙	巧克力粉少許
麵糊（橘色）	基本麵糊 1小匙	低筋麵粉1/2小匙 食用色素（橘色）

Recipe

◉ 材料
（直徑7cm × 深度3cm的耐熱容器3個份）

【蒸蛋糕】
綜合鬆餅粉……100g
雞蛋……1顆
砂糖……30g
優格（無糖原味）……30g
牛奶……30ml
無鹽奶油……15g
低筋麵粉……1/2小匙
巧克力粉……少許
食用色素（橘色）……少許

【尾巴、雜草】
可著色的裝飾用巧克力
（白巧克力）……30g
食用色素（橘色、綠色）……各少許
巧克力筆（褐色、粉紅色）……各1枝

◉ 事前準備
· 奶油以微波爐加熱融化。
· 用烘焙紙折成5個錐狀體（做法參考P63）。
· 蒸籠裡加水，開火加熱使之沸騰。
· 巧克力筆放進熱水中軟化。

◉ 製作方法

1. 雞蛋在攪拌碗裡打散，加入砂糖後用攪拌器仔細混合均勻。一邊攪拌一邊依序加入優格、牛奶。

2. 加入綜合鬆餅粉繼續攪拌，等到材料混合至柔順光滑狀態，加入融化的奶油繼續混合攪拌。基本麵糊就完成了。

3. 將麵糊著色。從基本麵糊中取出上方表格中所需的份量，加入巧克力粉與食用色素、低筋麵粉後，混合均勻。完成後各自倒入不同的錐狀烘焙紙裡。

4. 將2剩下的麵糊倒進耐熱容器中。使用3的錐狀烘焙紙快速畫出花樣後，放入熱氣蒸騰的蒸籠裡，蒸12～15分鐘。以竹籤刺入正中央，沒有附著蛋糕渣就是蒸好了。

5. 製作「貓」的尾巴和「雜草」。以微波爐將可以著色的裝飾用巧克力融化。取出1小匙份和2小匙份，各自加入食用色素，製作出【橘色】和【綠色】。剩下的巧克力維持【白色】，三者各自裝入錐狀烘焙紙裡。

6. 將5的【白色】巧克力，在烘焙紙上畫出「貓」的尾巴，以【綠色】畫出「雜草」。放進冰箱卻凝固後，再以【橘色】畫出尾巴的花樣。最後使用巧克力筆畫出「雜草」的眼、嘴。再一次放進冰箱冷卻凝固。

7. 在4的蒸蛋糕上畫出切口，將6插進去。最後放上「雜草」就完成了。

Recipe

● 材料（一盤份）

上新粉……150g

砂糖……2大匙再稍微少一點

溫水……150ml

食用色素

　　（紅色、黃色、藍色）……各少許

黑芝麻糊……少許

黑巧克力粉……少許

義大利麵條……少許

● 事前準備

- 以少量熱水將黑巧克力粉融化。
- 準備竹籤和面相筆。（※面相筆指的是毛尖極細的筆。在文具行或39元商店可以買到。）
- 以少量沙拉油（不在材料表上）將義大利麵條炸過。

● 製作方法

1. 將上新粉和砂糖加入耐熱的攪拌碗裡，接著倒入溫水，以木鏟攪拌至所有粉末融入水中。

2. 鬆鬆地蓋上保鮮膜，以500w微波爐加熱2分鐘。取出用木鏟攪拌一陣後，再繼續加熱2分鐘。再取出攪拌，再加熱1分鐘。

3. 倒入灑過水的搗泥缽裡研磨。

4. 取出後放在溼布上，揉捏到呈現耳垂差不多的柔軟度就可以了。如果太硬的話，可以加少量的水再繼續揉捏。

5. 將4的材料搓成長條狀後分成7等份。其中4段加入食用色素和黑芝麻糊均勻染色。製作出【粉紅色】【黃色】【藍色】【黑色】的麵團。

6. 將5的材料各自再分成兩半，揉成圓形，做出3種顏色的「粉圓」和「飛塵」。剩下的白色材料也各自分成兩半，揉成丸狀。

7. 以面相筆沾取用熱水融化的黑巧克力粉，在6上畫出眼、嘴、手、腳。炸過的義大利麵條折成短短一截，做成手和腳，插在「飛塵」上面。

「粉圓」與「飛塵」的月見糰子

圓滾滾的小丸子，看起來就是「粉圓」和「飛塵」。
十五日的夜晚，就把它們供奉在房間的角落裡吧！

FULL MOON

DUMPLINGS

CHOCOLATE COATED DOUGHNUTS

跑呀跑…

「炸蝦尾」甜甜圈

在甜甜圈上灑滿杏仁果碎粒，再加上尾巴，
就成了「炸蝦尾」！一定會被一個不剩的吃完。

型紙　P63

Recipe

● 材料（6個分）

綜合鬆餅粉……200g
雞蛋……1顆
牛奶……30ml
油炸用油……適量

可著色裝飾用巧克力
　　（白巧克力）……200g
食用色素（紅色、黃色）……各少許
起酥油……1＋1/2大匙
杏仁果碎粒……100g
杏仁果薄片……12片
巧克力筆（褐色）……1枝

※可著色裝飾用巧克力，是一種混
　合了食用色素也不會與色素分離
　的特殊巧克力。在烘焙用品專賣
　店或網路上可以買到。

● 事前準備

- 準備2枝竹籤。
- 用烘焙紙折成錐狀（作法參考
　P63）
- 巧克力筆放入熱水中軟化。

● 製作方法

1. 將雞蛋打散進攪拌碗裡，加入牛奶，以攪拌器混合均勻。

2. 加入綜合鬆餅粉，以橡膠刮刀攪拌，直到材料裡沒有粉末狀物體，整體混合均勻為止。

3. 將2用保鮮膜包起來，放入冰箱休眠15分鐘。

4. 為避免麵糰沾黏，在盤子或工作台撒上適量的薄薄一層低筋麵粉（不在材料表中）。取出3的麵糰，以擀麵棍擀壓成1cm厚度。鋪上紙型，用刀子大致切出輪廓。

5. 將油炸用油加熱至170℃，將4的材料炸1～2分鐘。等到朝下一面炸出黃褐色，翻面，再炸1～2分鐘。

6. 等到兩面都炸出黃褐色，取出後放在廚房紙巾上，瀝油冷卻。

7. 將可著色裝飾用巧克力放進耐熱碗裡，以600w微波爐加熱1分鐘。取出後用橡膠刮刀攪拌一陣，再繼續加熱30秒後，待巧克力完全融化時加入起酥油，攪拌均勻。

8. 從7的材料中取3大匙份量，加入食用色素（紅色）充分混和。倒入錐狀烘焙紙裡。

9. 將食用色素（黃色）加入剩下的7材料中，混合均勻。

10. 在6裡插入兩枝竹籤，沾上9的材料。接著兩面反覆用巧克力均勻塗滿甜甜圈表面。

11. 趁10的巧克力還沒有凝固，撒上杏仁果碎粒，拔掉竹籤。放進冰箱裡降溫凝固。

12. 將杏仁果薄片放在烘焙紙上，漂亮地擠上8的材料，製作出蝦子尾巴。放進冰箱冷卻凝固。

13. 在9的材料上以巧克力筆畫出眼、嘴、手、腳。用刀子切開口，插入12的尾巴。

臉部圖案餅乾

COLORED
COOKIES

ICING
COOKIES

角落小夥伴蛋白霜餅乾

臉部圖案餅乾

麵糊本身呈現出角落小夥伴的顏色，再畫上臉後就完成了。
各種溫柔的色調，加上酥脆的輕巧口感是最大魅力。

型紙　P 63

Recipe

● 材料（2組份）

無鹽奶油……50g
糖粉……50g
鹽……一小撮
蛋液……1大匙
低筋麵粉……105g
食用色素
　　（紅色、黃色、綠色、藍色）……各少許
巧克力粉……少許

● 事前準備

· 奶油放置室溫恢復柔軟。
· 糖粉、低筋麵粉各自過篩。
· 烤箱預熱至170℃。
· 準備直徑4cm的餅模型（圓形、
　花形）。
· 用烘焙紙折出4個錐狀體（作法參
　考P63）。

● 製作方法

製作麵糊

1. 奶油放進攪拌碗裡，以攪拌器
　拌打至呈現柔順光滑狀態。糖
　粉分3次加入碗中，一邊加入一
　邊拌勻，攪拌至材料顏色轉白
　為止。再加入鹽和蛋液充分混
　合。

2. 從1的材料中取出下方表格1中
　的份量。加入低筋麵粉和水、
　巧克力粉，均勻混合，製作出
　2種顏色的麵糊。接著將【褐
　色】麵糊倒進錐狀烘焙紙中。

3 從2中的【原色】麵糊，分成下
　方表格2中的各種份量，各自加
　入食用色素混合均勻。再各自
　裝入錐狀烘焙紙中。

4. 將1剩下來的麵糊加入66g低筋
　麵粉，徹底混合均勻。整理成
　一團後以保鮮膜包裹，放入冰
　箱休眠1小時。

壓模後進烤箱

5. 為避免麵糰沾黏，在盤子或工
　作台撒上適量的薄薄一層低筋
　麵粉（不在材料表中）。取出
　4的麵糰，各自以擀麵棍擀壓成
　4mm厚度。

6. 將5的材料以花形和圓形模具壓
　模，使用2和3的繪臉用麵糊畫
　出臉。

　白熊：【白色】畫臉，【黃
　色】畫耳朵內部。

　貓：【奶油色】畫臉，【黃
　色】畫出耳朵。

　企鵝？：【綠色】畫臉，【黃
　色】畫喙部。

　炸豬排：【褐色】畫臉，【粉
　紅色】畫鼻肉。

　蜥蜴：【水藍色】畫臉。

　全員：【深褐色】劃出臉部表
　情

7. 排放到鋪有烘焙紙的烤盤上，
　以170℃烤箱烤12～14分鐘。

繪臉用麵糊配方表1

【原色】	1→45g	低筋麵粉	36g	水	23ml	
【褐色】	1→5g	低筋麵粉	3g	水	1/2小匙	巧克力粉

繪臉用麵糊配方表2

【白色】	2→1/6量	
【奶油色】	2→1/6量	食用色素（紅色·黃色）
【綠色】	2→1/6量	食用色素（綠色）
【水藍色】	2→1/6量	食用色素（藍色）
【深褐色】	2→1/6量	巧克力粉
【粉紅色】	2→1/12量	食用色素（紅色）
【黃色】	2→1/12量	食用色素（黃色）

型紙　P 62

角落小夥伴蛋白霜餅乾

在烤好的餅乾上，用蛋白霜畫出角落小夥伴們。
表情上呈現些許微妙的差異，快來畫出屬於你自己的角落小夥伴吧。

Recipe

● 材料（2組份）

【餅乾】
無鹽奶油……50g
糖粉……30g
鹽……一小撮
蛋黃……1顆份
低筋麵粉……120g

【蛋白霜】
蛋白……2顆份（約60～70g）
糖粉……360～400g
巧克力粉……少許
食用色素
　（黃色、綠色、藍色、紅色、橘色）……
　各少許

● 事前準備

· 奶油放置室溫恢復柔軟。
· 糖粉、低筋麵粉各自過篩。
· 烤箱預熱至170℃。
· 用烘焙紙折出11個錐狀體（作法
　參考P63）。

● 製作方法

1. 奶油放進攪拌碗裡，以攪拌器拌打至呈現柔順光滑狀態。糖粉分3次加入碗中，一邊加入一邊拌勻，攪拌至材料顏色轉白為止。再加入鹽和蛋液充分混合。

2. 加入低筋麵粉充分混合後，整理成一團用保鮮膜包起來，放進冰箱休眠約1小時。

3. 為避免麵糰沾黏，在盤子或工作台撒上適量的薄薄一層低筋麵粉（不在材料表中）。取出2的麵糰，以擀麵棍擀壓成4mm厚度。鋪上紙型，用刀子切出形狀。

4. 排放到鋪有烘焙紙的烤盤上，以170℃烤箱烤12～14分鐘。出爐後放置蛋糕網架上等待冷卻。

畫出角色們

5. 製作蛋白霜。將蛋白放入攪拌碗裡，加入180g糖粉，使用橡皮刮刀充分攪拌至呈現柔順光滑狀態。觀察材料的狀態，一邊一點點地加入糖粉，調整至撈起後會以固體塊狀落下的硬度即可。這樣就完成基本的蛋白霜了。

6. 將蛋白霜上色。從5的材料中取出下方表格的份量。加入食用色素和巧克力粉混合，調整製作出角落小夥伴們的顏色。在各自倒入錐狀烘焙紙中。

7. 將6的蛋白霜分2～3次，塗在4的餅乾上面，等一層乾了再塗一層。

白熊：①【白色】畫出身體，【粉紅色】畫耳朵內部→②【深褐色】劃出眼、鼻、手、腳。

貓：①【奶油色】畫出身體，【淺褐色】畫出耳朵和花紋，【淡橘色】劃出身上花紋→②【白色】畫出嘴巴周圍→③【深褐色】畫出眼、耳、鼻、鬍鬚、手、腳。

企鵝：①【綠色】畫出身體，【白色】畫出肚子→②【黃色】劃出喙部、腳→③【深褐色】畫出眼、喙部的線條、手

炸豬排：①【褐色】畫出身體→②【粉紅色】畫出鼻肉→③【深褐色】畫出眼、手、腳。

蜥蜴：①【水藍色】畫出身體，【藍色】畫出背鰭，【白色】畫出肚子→②【深褐色】畫出眼、嘴、手、腳。

※【褐色】、【淺褐色】和【深褐色】、【綠色】和【黃色】、【水藍色】和【藍色】請使用調整食用色素和巧克力粉使用量的方式加以調配。

蛋白霜著色配方表

【白色】	5→3大匙		【淺褐色】	5→2小匙	巧克力粉
【奶油色】	5→3大匙	食用色素（黃色）	【淡橘色】	5→1小匙	食用色素（紅色·黃色）
【綠色】	5→3大匙	食用色素（綠色）	【黃色】	5→2小匙	食用色素（黃色）
【褐色】	5→3大匙	巧克力粉	【藍色】	5→小匙1	食用色素（藍色）
【水藍色】	5→3大匙	食用色素（藍色）	【深褐色】	5→大匙2	巧克力粉
【粉紅色】	5→2小匙	食用色素（紅色）			

「炸豬排」的拱型蛋糕

使用小口徑擠花嘴擠出來的鮮奶油，看起來就像「炸豬排」！
蛋糕捲作為拱型蛋糕的基底，即使使用已經切片的也 OK。

Recipe

◉ 材料（一個份）

市售蛋糕捲……1條
巧克力……30g
鮮奶油……200ml
粉狀吉利丁……2g
水……1大匙
巧克力筆（褐色、粉紅色）……各1枝

◉ 事前準備

・擠花袋裝上直徑5mm的星形擠花嘴。
・巧克力筆泡入熱水中使之變軟。

◉ 製作方法

1. 將蛋糕捲一端切下約3cm，切成4等份（如照片 **a**）。削下海綿蛋糕體，製作出「炸豬排」的手、腳。

2. 將1剩下的蛋糕捲切下邊角，削整蛋糕捲的形狀，讓整體呈現「炸豬排」的外形（如照片 **b**）。

3. 把巧克力切成細碎。將粉狀吉利丁裡倒入材料表上的水裡浸泡。

4. 將2大匙鮮奶油和3的材料一起倒入攪拌碗後，以隔水加熱方式加熱，使用橡皮刮刀一邊攪拌使之融化。

5. 等到巧克力完全融化後，再加入剩下的鮮奶油，將攪拌碗底部浸泡在冰水中，一邊將材料打發至八分。

6. 在2的身體表面薄薄塗上一層5的奶油，貼上手、腳。

7. 將5剩下的奶油倒入裝好擠花嘴的擠花袋中，用密集而沒有空隙的方式擠到6的表面上。

8. 在烘焙紙上用【褐色】巧克力筆畫出眼、手、腳，【粉紅色】畫出鼻肉，放入冰箱中冷卻凝固。貼到7上。

切下蛋糕捲的一端，將這片切成4等份，做出「炸豬排」的手、腳。

將剩下的蛋糕捲切去邊角，削整成「炸豬排」的外形。

棉花糖裝飾的「粉圓」巧克力布丁

將棉花上色後，使用彩色的棉花糖翻糖製作出「粉圓」。
放到任何蛋糕或甜點上，都非常可愛！

Recipe

● 材料（4個份）

【粉圓】（12顆份）

  ┌ 棉花糖……15g

Ⓐ │ 起酥油……1/2小匙

  └ 水……1/2小匙

糖粉……30g

起酥油（攪拌碗用、手用）……適量

食用色素

    （紅色、黃色、藍色）……各少許

巧克力粉……少許

【巧克力布丁】（4個份）

粉狀吉利丁……5g

水……2大匙

巧克力粉……3大匙

牛奶……400ml

砂糖……50g

鮮奶油……50ml

砂糖（鮮奶油用）……1小匙

● 事前準備

· 在攪拌碗裡塗上薄薄一層起酥油。

· 糖粉過篩。

· 將巧克力粉（粉圓用）以熱水溶解。

· 準備竹籤和面相筆。（※面相筆指的是毛尖極細的筆。在文具行或39元商店可以買到。）

· 將擠花嘴裝到擠花袋上。

● 製作方法

製作巧克力布丁

1. 將粉狀吉利丁倒入材料表上的水裡浸泡。

2. 將巧克力粉和少量牛奶、砂糖加入鍋中，以木鏟徹底攪拌均勻。

3. 將2的材料以小火加熱至呈現滑順有光澤的絲綢狀，再加入剩下的牛奶，煮到快要沸騰即可離火。

4. 將1加入3的材料中，使之融化。材料倒入容器中，蓋上保鮮膜後放進冰箱冷藏凝固。

製作「粉圓」

5. 將Ⓐ材料放進攪拌碗裡，不加保鮮膜，直接放進600w的微波爐中加熱30秒。

6. 以橡皮刮刀徹底混合均勻，再次放進微波爐加熱30秒。重複動作直到棉花糖完全融化為止。

7. 將糖粉分2次加入，加入的同時使用橡膠刮刀一邊徹底攪拌。等到熱度稍微散去，用手搓揉直到材料中看不見粉末物體，

整體變得柔順光滑為止。因為材料容易沾黏，可以不時在手上沾一些起酥油以利作業。這樣成基本的棉花糖翻糖就完成了。

8. 棉花糖翻糖上色。將7的材料分為3等份，各自加入食用色素，混合均勻。在各自以保鮮膜包起來，放進冰箱休眠30分鐘左右。

9. 將8的材料各自均分為4等份，揉成圓形製作出「粉圓」的形狀。使用竹籤畫出眼、嘴，接著用面相筆沾取熱水溶化過的巧克力粉，再描一次。

組合

10. 鮮奶油加入砂糖，打發至八分。倒入裝有擠花嘴的擠花袋裡，擠在4的巧克力布丁上。

11. 將9的「粉圓」放置到10上面。

    ※搭配布丁的餅乾上，貼著代表角落小夥伴的顏色，製作方法請參考P33。

MARSHMALLOW
FONDANT

CAKE
POPS

角落小小夥伴棒棒糖蛋糕

小小圓圓的蛋糕上沾滿裝飾用巧克力做成的棒棒糖蛋糕，
是最適合迷你生物們的大小。大量製作後擺放在一起，
好像會可愛到捨不得吃！？

Recipe

◉ 材料（2組份）

海綿蛋糕體（市售）……200g
奶油起司……100g
杏仁果薄片……4片
可著色裝飾用巧克力（白色）……200g
起酥油……1＋1/2大匙
食用色素
　　（紅色、黃色、藍色、綠色、黑色）
　　……各少許
糖漬櫻桃……1顆
烘焙用穀片……少許
巧克力筆（白色、褐色）……各1枝
義大利麵條……少許

※可著色裝飾用巧克力，是一種混合了
　食用色素也不會與色素分離的特殊巧
　克力。在烘焙用品專賣店或網路上可
　以買到。

◉ 事前準備

・奶油起司放置室溫恢復柔軟。
・準備14根棒棒糖用的棍子。
・巧克力筆放入熱水中使之軟化。
・以少量沙拉油（不在材料表中）
　將義大利麵條炸過。

◉ 製作方法

製作棒棒糖蛋糕的基底

1. 用手將海綿蛋糕體剝成細碎，
   加入奶油起司後使用橡膠刮刀
   混合均勻。

2. 將1均分成14等分並揉成圓
   形。各自捏成不同角色的外
   形，插入棒棒糖用的棍子。在
   「裹布」上方插入杏仁果薄
   片，製作出繩結的樣子。放入
   冰箱中冷卻凝固1小時左右。

塗上巧克力裝飾

3. 將可著色裝飾用巧克力放入耐
   熱攪拌碗裡，以600w的微波爐
   加熱1分鐘。取出後用橡膠刮刀
   混合均勻，再加熱30秒，等到
   巧克力完全融化後加入起酥油
   混勻。

4. 依照下方表格的份量各自加入
   食用色素混合均勻，調整出角
   落小夥伴們的顏色。

5. 將2沾滿4的巧克力。「炸蝦
   尾」則趁巧克力還沒凝固之
   前，黏上烘焙用穀片。放入冰
   箱冷卻等待凝固。

畫出臉部表情

6. 切開糖漬櫻桃，製作「炸蝦
   尾」的尾巴部分。在5的上方切
   開開口，插入櫻桃。

7. 用【白色】巧克力筆畫出「裹
   布」的點點花樣，用【褐色】
   畫出全員的眼、嘴。

8. 炸過的義大利麵條折成小段，
   製作成「飛塵」的手腳。插入7
   的「飛塵」上即可完成。

著色巧克力配方表

【裹布】【粉圓（粉紅色）】	3→2/7量	食用色素（紅色）
【炸蝦尾】【粉圓（黃色）】	3→2/7量	食用色素（黃色）
【粉圓（水藍色）】	3→1/7量	食用色素（青）
【雜草】	3→1/7量	食用色素（藍色）
【飛塵】	3→1/7量	食用色素（藍色）＋食用色素（黑色）

角落小夥伴荻餅

今年的春分，不如就改用如此可愛的荻餅吧。
泡一杯香濃的茶，度過一段悠哉閒適的時光。

Recipe

● 材料（一組份）

【糯米】（方便製作的分量）
糯米……2合（約300g）
水……480ml
鹽……少許

【白熊】
Ⓐ 黃豆粉（白色）……1大匙
　砂糖……1/2大匙
　鹽……少許

【貓】
白豆沙餡……20g
黑糖……少許

【企鵝？】
毛豆泥……20g

【炸豬排】
Ⓑ 黃豆粉（褐色）……1大匙
　砂糖……1/2大匙
　鹽……少許
巧克力筆
　（褐色、粉紅色、白色、黃色）
　……各1枝

● 事前準備

· 巧克力筆放入熱水中使之軟
　化。

● 製作方法

1. 糯米磨成粉末，泡入材料表上的水裡等待1小時。加入鹽後照一般方法蒸熟。蒸熟後等熱氣大致散去，將手浸濕後取出2個50g、2個30g，各自揉捏成橢圓形。

2. 製作「白熊」。從1剩下的糯米糰裡取出1/2小匙份量，再分成2等份，揉成小球，做成耳朵。貼在1的其中一個50g糯米糰上。

3. 將Ⓐ的材料混合後，塗滿2的糯米糰。再用【褐色】巧克力筆畫出眼、鼻、手、腳，用【粉紅色】畫出耳朵內部。

4. 製作「貓」。取少量白豆沙餡，揉成圓形，製作出左耳。接著再取適量白豆沙餡，加入黑糖混合均勻，製作出右耳和身體上的花樣。

5. 將剩餘的白豆沙餡包在1的其中一個30g糯米糰上。貼上4的耳朵和身體花樣。

6. 使用【白色】巧克力筆畫出嘴巴周圍，用【褐色】依序畫出眼、鼻、鬍鬚、手、腳。

7. 製作「企鵝？」。將1的其中一個30g糯米糰，用毛豆泥包覆起來。

8. 使用【白色】巧克力筆畫出肚子，用【黃色】畫出喙部、腳，再用【褐色】依序畫出眼、喙部的線條、手。

9. 製作「炸豬排」。將Ⓑ材料混合均勻，塗滿1的其中一個50g糯米糰。使用【褐色】巧克力筆畫出眼、手、腳，用【粉紅色】畫出鼻肉。

SWEET RICE CAKES

Chapter3
最喜歡的主題食譜

以先前介紹過的人氣主題為思考方向，
接下來要送上的，是充滿愛的角落小夥伴菜單！
忍不住想吃掉桌上的角落小夥伴們，如此獨特的混搭風情。

匯集了許多專業的菜單

SUSHI-VARIATION

角色造型壽司

靈感來自「壽司們的聚會」

角色造型壽司

忠實呈現被稱讚為「實在太可愛了」的角落小夥伴壽司。
在生日或新年等想要稍微慶祝的日子裡，把它端上桌。

Recipe

【白熊】

● **材料**（1個份）

醋飯……50g
義大利麵條……少許
高湯蛋捲（作法請參考P45）……1片
海苔……1x8cm再另加少許
火腿片……少許
美乃滋……少許
魚板……少許

● **製作方法**

1. 取少量醋飯，分成2等份並各自以保鮮膜包起來，捏成耳朵的形狀。將剩下的醋飯包入保鮮膜，捏出「白熊」的外形。

2. 將耳朵用義大利麵條固定在1的身體上。

3. 蓋上高湯蛋捲，接著以1x8cm的海苔捲起來。

4. 以剩下的海苔做出眼、鼻，以火腿片做出耳朵內部，貼在醋飯上。耳朵內部用美乃滋貼上。以魚板做出手，用義大利麵條固定上去。

【企鵝？】

● **材料**（1個份）

醋飯……50g
毛豆（冷凍）……5粒
起司片……少許
海苔……3x8cm再另加少許
鮪魚泥……1大匙
小黃瓜……薄片1片
煎蛋皮（作法請參考P45）……少許
美乃滋……少許

● **製作方法**

1. 毛豆解凍，去皮後以搗泥缽磨成泥。

2. 取30g醋飯，加入1的毛豆泥混合均勻。以保鮮膜包裹後，捏出「企鵝？」的外形。

3. 以牙籤切起司片，製作出肚子，放在2上面。

4. 用保鮮膜把剩下的醋飯包起來，輕輕捏成橢圓形。

5. 用3x8cm的海苔將4圍起來，依序放入鮪魚泥、小黃瓜、3的材料。

6. 用煎蛋皮做出喙部、腳，用剩下的海苔做出眼、喙部的線條、手，貼到5上。除了眼和手以外，其他都使用美乃滋黏貼。

【蜥蜴】

● **材料**（1個份）

醋飯……50g
彩色拌飯粉（藍色）……少許
煙燻鮭魚……1片
海苔……少許

● **製作方法**

1. 取5g醋飯，和彩色拌飯粉混合。以保鮮膜包起來，捏成薄薄的橢圓形，做出「蜥蜴」。

2. 剩下的醋飯也用保鮮膜包起來，整理成太鼓的形狀後，撕開保鮮膜，把1的材料放上去，再蓋上保鮮膜將兩者壓實。

3. 把煙燻鮭魚捲在2的材料外，包上保鮮膜將兩者壓實。

4. 以海苔剪出眼、嘴，貼到3上。

高湯蛋捲的製作方法

◉ **材料**（一個份）

雞蛋……2顆

Ⓐ｜高湯……2大匙
　｜砂糖……1大匙
　｜薄鹽醬油……1/3小匙

沙拉油……少許

◉ **製作方法**

1. 將蛋打進攪拌碗裡，加入Ⓐ材料徹底混合均勻。

2. 沙拉油倒進蛋捲專用平底鍋中加熱，再以廚房紙巾將多餘流動的油擦掉。將1的蛋液分3次倒入鍋中，一邊煎一邊捲起來。

3. 蛋捲煎好後，用壽司竹簾整理形狀，切成方便入口的大小。

【麻雀】

◉ **材料**（1個份）

白飯……40g
沾麵醬……1/2小匙
法蘭克福香腸……尖端少許
義大利麵條……少許
海苔……3x6cm再另加少許
美乃滋……少許

◉ **製作方法**

1. 將法蘭克福香腸放進熱水中煮約1分鐘。切下一層薄皮，製作臉上紅暈和腳。

2. 白飯和沾麵醬混合。以保鮮膜包起來，捏成「麻雀」的外形。

3. 將1的法蘭克福香腸尖端以義大利麵條固定在2上，用保鮮膜覆蓋後調整形狀。

4. 在3的外面捲上3x6cm的海苔片。剩下的少許海苔用來製作眼、喙部，做好後貼上。1的臉上紅暈、腳則使用美乃滋貼上。

【裝盤】

小黃瓜……少許
芥末……少許
甜醋醃嫩薑……少許

煎蛋皮的製作方法

◉ **材料**（一片份）

雞蛋……1顆
鹽……一小撮
水……2～3滴
沙拉油……1小匙

◉ **製作方法**

1. 將蛋打進攪拌碗裡，加入鹽和水徹底攪拌均勻。以篩網過濾蛋液，再以湯匙一類工具撈去殘餘的泡泡。

2. 沙拉油倒入平底鍋，開中火加熱，用廚房紙巾將沙拉油向鍋子四周薄薄推開。

3. 在平底鍋裡放進濕布，使之稍微降溫。

4. 把1的蛋液倒進鍋中，流動布滿整個鍋底。

5. 等到蛋液表面凝固不再流動，蓋上蓋子，轉小火再煎30～40秒。

6. 熄火後利用餘溫使蛋煎熟。從邊緣鏟起，裝到盤子上散熱。

OMELETTE RICE

靈感來自「圓滾滾小黃瓜？找～到啦」

「粉圓」蛋包飯

色彩繽紛的「粉圓」，都是醃漬小番茄。
西瓜蛋包飯？不不不，這是「圓滾滾小黃瓜」。

Recipe

● **材料**（一盤份）

【粉圓】

小番茄（紅、綠、黃、橘）……各1顆

Ⓐ
- 醋……1＋1/2小匙
- 砂糖……1小匙
- 橄欖油……1小匙
- 鹽……少許

海苔……少許
美乃滋……少許

【蛋包飯】

白飯……100g
雞柳條……1/2條
洋蔥……1/8顆

Ⓑ
- 番茄醬……1＋1/2大匙
- 白葡萄酒……1大匙

雞蛋……2顆
鹽、胡椒……適量
沙拉油……少許
起司片……1/2片
扁豆（鹽水燙過）……2片
海苔……少許
美乃滋……少許

【擺盤配菜】

貝比生菜……適量

● **製作方法**

製作「粉圓」

1. 在小番茄底部淺淺切出十字刀口，放入滾水川燙。泡進冷水中剝皮。

2. 將Ⓐ材料混合做出醃漬醬汁，將1的去皮小番茄泡入，醃漬1小時。

3. 以海苔製作出眼、嘴，貼到醬汁醃漬過的2材料上。

製作蛋包飯

4. 雞柳條切成1cm的小方丁，洋蔥切成細碎。

5. 沙拉油倒進平底鍋中加熱，將4炒熟。加入Ⓑ的材料攪拌均勻，再加入乾燥的乾白飯一起拌炒，最後放入鹽、胡椒調味。

6. 雞蛋打散進攪拌碗裡，加入鹽、胡椒拌勻。

7. 再另取一個平底鍋，倒入沙拉油後加熱，接著倒入6的材料。不要過早翻動蛋皮，等到整體呈現半熟狀態，再倒入5的材料。

8. 將7的蛋皮從兩端向中心折起，輕輕翻面後放進盤子裡。以保鮮膜包起來，整理成半圓形。

9. 將起司片和扁豆切成細長條狀，貼在8的邊緣（如照片**a**）。以海苔剪出西瓜籽，用美乃滋貼上（如照片**b**）。

10. 將貝比生菜放進9的盤子裡，再排上3的「粉圓」就完成了。

在蛋包飯的邊緣，依序貼上切成細長條狀的起司片以及扁豆。

裁剪海苔製作出西瓜籽，以美乃滋貼上。

INARI-SUSHI

靈感來自「壽司們的聚會」

型紙　P 60

貓稻荷壽司

無論是非常害羞的「貓」，還是認生的「白熊」，
只要藏進豆皮裡就沒事了。一旁再加上好朋友「裹布」。

Recipe

◉ **材料**（一組份）

【稻荷壽司】
豆皮……2片

A
醬油……1＋1/2大匙
砂糖……1大匙
高湯……100ml
味醂……1大匙

【醋飯】
白飯……200g
壽司醋……1大匙

【白熊】【貓】
海苔……少許
白芝麻粉……1/3小匙
起司片……少許
中濃醬……少許
紅蘿蔔……少許
毛豆……1粒
義大利麵條……少許

【裹布】
火腿片……1/4片
起司片……1/3片
海苔……少許
美乃滋……少許

【擺盤配菜】
綠色生菜……適量

◉ **製作方法**

製作油炸豆皮和醋飯

1. 油炸豆皮對半切開。放入滾水燙約5分鐘後，以流水清洗，從袋子底部開始輕輕地來回擦乾水分。

2. 將 A 材料和1的豆皮放入鍋中，蓋上鍋內蓋，開中火。煮約15分鐘後熄火，直接連鍋子一起放置冷卻，讓材料入味。

3. 壽司醋加入白飯中，攪拌均勻。醋飯分為30g一份，共3份各自以保鮮膜包起來，輕輕捏成圓形後裝進2的其中三片豆皮裡。其中一個直接做成稻荷壽司，另外兩個則是「白熊」和「貓」的基座。

製作「白熊」

4. 將剩下的醋飯分為2份，其中一份包進保鮮膜裡，捏成「白熊」的形狀。接著堆放到3的其中一個稻荷壽司上。

5. 取2剩下的一片豆皮，從開口處切下1cm，做出「白熊」的帽子。切口處向內側折入，覆蓋到4上面（如照片**a**）。

6. 以剪刀在5的耳朵位置剪出一個開口（如照片**b**）。輕輕地拿起，將尖角等凸出來的地方裁剪掉，整理成圓潤的形狀。

7. 以海苔製作出眼、鼻，貼到6上。

製作「貓」

8. 將剩下的醋飯加入白芝麻粉混合均勻，取出1/2小匙份量。將取出的醋飯分為2等份，包入保鮮膜中，捏成耳朵的形狀。

9. 其餘的醋飯以保鮮膜包裹，做成「貓」的形狀。貼上8的耳朵，放到3的其中一個稻荷壽司上連接起來。

10. 用牙籤將起司片切出嘴巴周圍的形狀，以海苔做出眼、鼻、鬍鬚，貼到9上面。

11. 在10的右耳上塗中濃醬。

組合

12. 紅蘿蔔切成薄片燙過，以花形壓模壓出花朵。毛豆解凍，對半切開。

13. 將7的「白熊」和11的「貓」以義大利麵條固定在12上。

製作「裹布」，裝盤

14. 火腿片放到紙型上，以刀子切出形狀。

15. 使用圓形壓模在起司片和火腿片上，壓出小圓點和打結部分的繩結，貼到14的材料上。以海苔製作出眼和嘴，用美乃滋貼上。

16. 把綠色生菜鋪在盤子上，將3的稻荷壽司、12的「白熊」、「貓」放進盤子裡。接著把「裹布」放置在合適的地方就完成了。

a

切掉豆皮的邊邊，製作出帽子，蓋在醋飯上面。

b

在豆皮上剪出開口，製作出耳朵，使用剪刀修整外形。

49

海軍風甜甜圈

BAKED
DOUGHNUTS

SODA JELLY
with
ICE CREAM

「粉圓」奶油蘇打果凍

靈感來自「海軍風」

海軍風甜甜圈

在甜甜圈表面畫上稍微顯眼的花樣。
再放上角落小夥伴們，開心的海軍扮演遊
戲就開始了！

型紙 P63

Recipe

● 材料（1組份）

【甜甜圈】
綜合鬆餅粉……100g
雞蛋……1顆
砂糖……40g
優格（無糖原味）……40g
牛奶……40ml
無鹽奶油……15g
低筋麵粉……2小匙
食用色素（藍色）……少許
沙拉油……少許

【餅乾麵糰】
無鹽奶油……25g
糖粉……15g
鹽……少許
蛋黃……1/2顆份
低筋麵粉……60g

【蛋白霜】（以方便製作的份量為準）
蛋白……36g
糖粉……180～200g
食用色素
　（綠色、黃色、藍色、紅色、橘色）
　……各少許
巧克力粉……少許

● 事前準備

· 將沙拉油薄薄塗一層在甜甜圈紙型上。
· 將用於甜甜圈的奶油放進微波爐裡加熱1分鐘使之融化。
· 將用於餅乾的奶油放置室溫使之變軟。
· 烤箱預熱至180℃。
· 糖粉、低筋麵粉各自過篩。
· 準備直徑4cm的餅乾模型（圓形、花形）。
· 用烘焙紙折成10個錐狀體（作法參考P63）。

● 製作方法

製作甜甜圈

1. 雞蛋打散至攪拌碗裡，加入砂糖後以攪拌器混合均勻。依序加入優格、牛奶，一邊攪拌均勻。

2. 綜合鬆餅粉加入1的材料中，徹底攪拌。接著加入融化的奶油，從攪拌碗底使力撈起攪拌。

3. 從2的材料中取出大匙4匙份量，放進另一個攪拌碗裡，加入低筋麵粉與食用色素後充分攪拌。倒進錐狀烘焙紙裡。

4. 將沙拉油塗在烤盤上，鋪好甜甜圈的紙型，以3的材料畫出救生圈的花樣。

5. 將4放進180℃的烤箱中烤1分鐘。

6. 從烤箱中取出，將2剩下的麵糊倒入。放進180℃的烤箱烤12分鐘。

7. 出爐後放置常溫下10分鐘散熱，待熱氣大致散去後即可脫模。

製作餅乾

8. 依照P33的1～3步驟，做出餅乾麵糰，以圓形和花形模型壓模。

9. 在烤盤裡鋪上烘焙紙，將餅乾麵糰排放進去，放入烤箱以170℃烤12～14分鐘。出爐後放在蛋糕網架上等待冷卻。

畫出角落小夥伴

10. 依照P33的5步驟，做出蛋白霜。

11. 從10的材料中取出右頁表格中的份量。加入食用色素或巧克力粉後混合均勻，並各自倒進錐狀烘焙紙裡。

12. 在9的餅乾上塗上11的【白色】【奶油色】【綠色】【褐色】【水藍色】奶油糖霜，畫出「白熊」「貓」「企鵝？」「炸豬排」「蜥蜴」。等到乾燥凝固後，再用剩下的蛋白霜畫出臉部細節。待完全乾燥，就可以放到7的甜甜圈上了。

蛋白霜著色配方表

【白色】	10→1大匙	
【奶油色】	10→1大匙	食用色素（黃色）
【綠色】	10→1大匙	食用色素（綠色）
【褐色】	10→1大匙	巧克力粉
【水藍色】	10→1大匙	食用色素（藍色）
【粉紅色】	10→1小匙	食用色素（紅色）
【淺褐色】	10→1大匙	食用色素（橘色）
【黃色】	10→1小匙	食用色素（黃色）
【深褐色】	10→1小匙	巧克力粉

※【奶油色】和【黃色】、【褐色】、【深褐色】請調整食用色素使用量加以調配。

靈感來自「喫茶角落小夥伴」

「粉圓」奶油蘇打果凍

將深具古早風味的奶油蘇打，以閃亮亮的果凍展現出來。
清爽的風味讓角落小夥伴們也愛不釋口？

Recipe

● 材料（2杯份）

【粉圓】
香草冰淇淋……適量
巧克力筆（褐色）……1枝

【哈密瓜蘇打果凍】
粉狀吉利丁……6g
水……30ml
Ⓐ 氣泡水（無糖）……ml
　刨冰用糖漿（哈密瓜口味）……90ml
　檸檬汁……1/2大匙
櫻桃（罐頭裝）……2顆

● 事前準備

・巧克力筆放入熱水中使之軟化。

● 製作方法

製作哈密瓜蘇打果凍

1. 將粉狀吉利丁倒入材料表中的水裡浸泡後，以600w微波爐加熱30秒使之溶化。

2. 將1和Ⓐ材料放入攪拌碗，輕輕攪拌混合均勻，注意不要打出泡沫。

3. 蓋上保鮮膜，放進冰箱冷藏1小時以上等待冷卻凝固。

4. 等到完全凝固後，以叉子大致搗碎，盛裝到玻璃容器中。

製作「粉圓」

5. 挖出一球香草冰淇淋，放到4上面。

6. 以巧克力筆在5上面畫出眼、嘴，再放上櫻桃就完成了。

MASHED POTATO
& SANDWICH

靈感來自「悠悠哉哉角落小夥伴散步」

角落小夥伴馬鈴薯泥的散步便當

將搭配三明治的馬鈴薯泥做成角落小夥伴的模樣。
放進便當裡，和角落小夥伴一起散步吧。

Recipe

● 材料（一盒份）

【角落小夥伴】
馬鈴薯（中）……1顆（約100g）
美乃滋……2小匙
鹽……少許
海苔……少許
火腿片……少許
鰹魚香鬆……少許
抹茶粉……少許
起司片……少許
起司片（巧達起司）……少許
薑黃粉……少許
去皮小熱狗……少許
美乃滋……少許

【三明治】
三明治用吐司……4片
奶油……少許
美乃滋……少許
水煮蛋……1顆
小黃瓜……適量
煙燻鮭魚……6片

【擺盤配菜】
綠色生菜……少許
小番茄……2顆

● 事前準備
・去皮小熱狗以滾水燙1分鐘。

● 製作方法

製作角落小夥伴馬鈴薯泥

1. 製作馬鈴薯泥。馬鈴薯去皮，切成4等份，滾水煮到變軟後搗成泥。加入美乃滋混合均勻，再加入鹽調味，接著分成4等份。
2. 製作「白熊」。將1的其中一份包進保鮮膜裡，捏出「白熊」的形狀。
3. 以海苔做出眼、鼻、手、腳，以火腿片做出耳朵內部，用美乃滋貼在2上面。
4. 製作「炸豬排」。將1的其中一份包進保鮮膜裡，捏出「炸豬排」的形狀。
5. 以搗泥缽將鰹魚香鬆磨得更碎，撒在4上面。以海苔做出眼、手、腳，以火腿片做出鼻肉，再用美乃滋貼上。
6. 製作「企鵝？」。將抹茶粉加入1的其中一份混合均勻。包進保鮮膜裡，捏出「企鵝？」的形狀。
7. 以起司片做出肚子，以起司片（巧達起司）做出嘴部、腳，貼在6上。再以海苔剪出眼、喙部的線條、手，貼上。眼和手使用美乃滋黏貼。
8. 製作「貓」。薑黃粉加入1的其中一份混合均勻。包進保鮮膜裡，捏出「貓」的形狀。
9. 以起司片做出嘴巴周圍，以海苔做出眼、鼻、鬍鬚、手、腳，貼到8上。鼻子以外的部位使用美乃滋貼上。
10. 薄薄削下去皮小熱狗的表面。切成三角形做成耳朵、以及身上的大小圓形花樣，以美乃滋貼在9上。

製作三明治，裝盤

11. 在三明治用吐司的其中一面塗上奶油和美乃滋。
12. 水煮蛋和小黃瓜切成5mm厚度。
13. 在11的吐司中依序夾入煙燻鮭魚、12的材料，並切成方便食用的大小。
14. 將13的三明治裝進便當盒裡，再放入3的「白熊」、5的「炸豬排」、7的「企鵝？」和10的「貓」，最後擺入綠色生菜裝飾就完成了。

靈感來自「暖呼呼泡溫泉」

濃湯溫泉「角落小夥伴的溫泉」

以濃湯重現怕冷的「白熊」一行人來到溫泉的場景。
「山」也色彩繽紛，看起來溫暖又美味。

Recipe

● 材料（一盤份）

【白熊】
白飯……50g
鹽……少許
海苔、火腿片……各少許
美乃滋……少許

【貓】
白飯……50g
鹽、薑黃粉……各少許
起司片……少許
海苔、火腿片……各少許
中濃醬……少許

【企鵝？】
白飯……50g
毛豆（冷凍）……5粒
鹽……少許
起司片（巧達起司）……少許
海苔……少許
起司片……少許

【山】
白飯……50g
醬油……少許
海苔……少許

【柚子】
南瓜……20g
海苔……少許
美乃滋、義大利麵條……各少許

【濃湯】
馬鈴薯（中）……1顆（約100g）
洋蔥……1/4顆（約30g）
蘆筍……2條（約40g）
水……300ml
月桂葉……1片
A｜雞高湯粉……2小匙
　｜牛奶……100ml
奶油……10g
鹽、胡椒……各少許

● 製作方法

製作各角色

1. 製作「白熊」。將鹽加入白飯中混合，取出1/2小匙份量。取出的白飯分為2等份，各自以保鮮膜包起來，捏出耳朵形狀。

2. 剩下的白飯包進保鮮膜裡，整理出「白熊」的外形。再將1的耳朵貼上，以保鮮膜包裹壓牢。

3. 以海苔製作出眼、鼻，以火腿片做出耳朵內部，貼在2上。耳朵內部使用美乃滋貼上。以剩下的火腿片做出小手巾，放在白熊頭上。

4. 製作「貓」。將鹽加入白飯中混合，取出1/2小匙份量。取出的白飯分為2等份，各自以保鮮膜包起來，捏出耳朵形狀。

5. 剩下的白飯包進保鮮膜裡，整理出「貓」的外形。再將1的耳朵貼上，以保鮮膜包裹黏緊。

6. 以起司片做出嘴巴周圍，以海苔做出眼、鼻、鬍鬚，貼在5上。用火腿片做出小手巾，放在在貓頭上。拿牙籤尖端沾取中濃醬，塗在右耳上。

7. 製作「企鵝？」。毛豆解凍，剝去外皮後放進搗泥缽裡搗成泥。加入鹽後與白飯混合均勻。以保鮮膜包起來，捏出「企鵝？」的外形。

8. 以起司片（巧達起司）做出喙部，以海苔做出眼、喙部的線條，貼在7上。再以起司片做出小手巾，放在企鵝？頭上。

9. 製作「山」。白飯包進保鮮膜裡，捏出「山」的形狀。刷子沾取醬油，畫出顏色花樣。

10. 以海苔製作出眼、嘴、臉頰上的線條，貼到9上。

11. 製作「柚子」。南瓜水煮到變軟，將南瓜肉壓模切成圓形，南瓜皮削下後壓模切成星形，再以義大利麵條固定在瓜肉上。

12. 以海苔剪出眼、嘴，使用美乃滋貼到11的南瓜上。

製作濃湯

13. 馬鈴薯和洋蔥去皮，切成薄片。蘆筍切去根部1cm，再切成2cm長一段。

14. 鍋中放入少量奶油（不在材料表上），開中火，放入13的材料拌炒。炒到洋蔥呈半透明狀，加入水和月桂葉，燉煮約20分鐘直到蔬菜都變軟爛為止。

15. 取出月桂葉，等到大致散熱後，倒入果汁機裡拌打，再用篩網過濾。

16. 將15的材料倒回鍋中，開中火，等到溫熱後加入**A**材料徹底攪拌均勻，接著熄火加入奶油使之融化，最後加入鹽、胡椒調味。

17. 在容器中放入3的「白熊」、6的「貓」、8的「企鵝？」和10的「山」，再倒入16的濃湯後，擺上12的「柚子」就完成了。

ASPARAGUS
POTAGE SOUP

SHAVED ICE
with
DUMPLINGS

靈感來自「圓滾滾小黃瓜?找～到啦」

西瓜白湯圓刨冰

在超喜歡小黃瓜的「企鵝?」所發現的圓滾滾小黃瓜裡,
裝進了許多角落小夥伴。滿滿豐盛的刨冰讓人心情舒爽!

Recipe

● 材料（一盤份）

【角落小夥伴】
糯米粉……40g
絹豆腐……35～50g
食用色素
　　（綠色、黃色、紅色、橘色）
　　……各少許
巧克力粉、黑巧克力粉……各少許
蛋白……少許

【刨冰】
小玉西瓜……1/2顆
刨冰……適量
喜歡的水果……適量
煉乳……適量

● 事前準備

・ 巧克力粉以少量熱水溶化。
・ 黑巧克力粉以少量蛋白溶化。
・ 準備竹籤和面相筆。（※面相筆
　指的是毛尖極細的筆。在文具行
　或39元商店可以買到。）

● 製作方法

製作角落小夥伴

1. 製作湯圓。在糯米粉裡加入35g
   絹豆腐,揉捏混合至兩者徹底
   融合成一體。如果無法順利融
   合,可以少量再加一點絹豆腐
   繼續揉捏。

2. 將湯圓上色。從1的材料中取
   出下方表格的份量。加入以熱
   水溶化的巧克力粉和食用色素
   混合,製作出角落小夥伴的顏
   色。

3. 將2的【白色】【綠色】【褐
   色】【奶油色】揉成圓形,製
   作出「白熊」「企鵝?」「炸
   豬排」「貓」的形狀。

4. 以3剩下來的湯圓材料做臉和
   身體的部位零件,貼到3上。

   白熊:以【粉紅色】糯米糰做
   出耳朵內部。

   企鵝?:以【黃色】做出喙部
   和腳,【白色】做出肚子。

炸豬排:以【粉紅色】做出鼻
肉。

貓:以【白色】做出嘴巴周
圍,【淺褐色】做出身上花
樣,【淡橘色】做出耳朵和身
上花樣。

5. 使用竹籤畫出眼、鼻、鬍鬚。
   再以面相筆沾取用蛋白溶化的
   黑巧克力粉描繪一次。

6. 在鍋子裡滾水煮沸（不在材
   料表中）,放入5後煮2～3分
   鐘。等到材料浮上水面,轉小
   火再煮2～3分鐘,撈出後泡浸
   冷水裡降溫。

裝盤

7. 將小玉西瓜的果肉以湯匙挖成
   小圓球,瓜皮作為容器。

8. 在7的瓜皮裡盛入刨冰,再放入
   西瓜果肉和喜歡的水果,淋上
   煉乳,最後擺上6的湯圓。

彩色湯圓著色配方表

【白色】	1→1/6量再多一點	
【綠色】	1→1/6量	食用色素（綠色）
【褐色】	1→1/6量	巧克力粉
【奶油色】	1→1/6量	食用色素（黃色）
【粉紅色】	1→少許	食用色素（紅色）
【黃色】	1→少許	食用色素（黃色）
【淺褐色】	1→少許	巧克力粉
【淡橘色】	1→少許	食用色素（橘色）

※【褐色】和【淺褐色】、【奶油色】和【黃色】請使用調
　整食用色素和巧克力粉使用量的方式加以調配。

Patterns for Cooking

「角落小夥伴」紙型

請複製在影印紙或烘焙紙上使用。
製作立體料理的時候，也可以做為零件
大小或位置平衡的參考！

P8 「白熊」火腿三明治拼盤

P18 「貓」口袋三明治

P48 貓稻荷壽司

P31　角落小夥伴蛋白霜餅乾

P30　臉部圖案餅乾
P50　海軍風甜甜圈

P28　「炸蝦尾」甜甜圈

錐狀烘焙紙的折法

1 將烘焙紙或OPP紙裁剪成20cm的正方形，沿對角線剪成兩個三角形。

2 三角形的兩邊角對角對折，在底部中央折出一道壓痕。

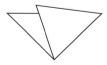

3 以壓痕為尖端，捲出一個圓錐形狀，以釘書機或透明膠帶固定。

4 裝進東西後，將上半部往下折。再以剪刀將尖端剪開一個小開口。

角落小夥伴的 可愛料理時光

Staff

料理製作　　　akinoichigo（稻熊由夏）、山本ちかこ
甜點設計　　　Junko
企劃・製作　　松尾はつこ
攝影　　　　　寺岡みゆき